Sehen · Staunen · Wissen
DIE JUNIOR-BIBLIOTHEK

ECHSEN

Text von Trevor Smith
Fotos von Jerry Young

Gerstenberg Verlag

CIP-Titelaufnahme der Deutschen Bibliothek

Echsen / Trevor Smith. Fotogr. von Jerry Young.
[Aus d. Engl. übers. u. bearb. von Margot Wilhelmi]. - Hildesheim:
Gerstenberg 1991
(Sehen,Staunen, Wissen: Die Junior-Bibliothek)
Einheitssacht.: Amazing worlds: amazing lizards <dt.>
ISBN 3-8067-4704-0
NE: Smith, Trevor [Mitverf.]; Young, Jerry [Ill.];
Wilhelmi, Margot [Bearb.]; EST

2. Auflage 1991
Ein Dorling-Kindersley-Buch; Originaltitel: Amazing Worlds:
Amazing Lizards
Aus dem Englischen übersetzt und bearbeitet von Margot Wilhelmi,
Sulingen

Satz: Druckhaus Gebr. Gerstenberg, Hildesheim
Printed in Italy
ISBN 3-8067-4704-0

Inhalt

Was ist eine Echse?

Die Echsen oder Eidechsen sind Schuppenkriechtiere wie die Schlangen - allerdings haben die meisten von ihnen Beine. Sie sind wechselwarm, haben eine schuppige Haut, und die meisten legen Eier.

Anders als die tauben Schlangen haben Echsen Ohröffnungen.

Keine Haare, kein Schweiß
Eidechsen haben keine Haare oder Federn, die sie warmhalten, und sie können nicht schwitzen, um sich abzukühlen. Sie sind wechselwarm. Ihre Körpertemperatur schwankt mit der Außentemperatur.

Wo sind die Beine?
Die meisten Echsen haben vier Beine, manche aber auch nur zwei. Andere haben gar keine Beine und sehen Schlangen zum Verwechseln ähnlich.

Riesendrachen...
Nilwarane wie der auf dieser Seite können bis zu 3 m lang werden. Die Komodo-Warane aus Indonesien sind noch größer. Der größte, den man bisher fand, wog 165 Kilogramm - mehr als du und drei Freunde.

...und Zwerggeckos
Die kleinste Echse ist ein Kugelfingergecko aus der Karibik. Er wird höchstens 3,5 cm lang - so klein, daß ein Erwachsener ihn nicht um den Daumen wickeln kann.

Brüderchen, komm tanz mit mir!
Der Ringkampf einiger Eidechsenmännchen sieht aus wie ein Tanz.

Riesenechsen
Das Wort *Dinosaurier* bedeutet "Schreckensechse". Doch die Dinosaurier krochen nicht wie die Eidechsen. Sie hatten kräftige Beine, die wie Säulen den Körper trugen. Sie waren also eigentlich keine "Kriechtiere".

Die Schuppen sind aus Horn - wie deine Fingernägel.

Mahlzeit!
Es gibt über 3750 Echsenarten. Die meisten fressen Insekten. Sehr große Echsen jagen auch Schweine oder kleine Hirsche. Einige Leguane fressen nur Pflanzen.

Bei manchen Echsen ist der Schwanz viermal so lang wie der übrige Körper.

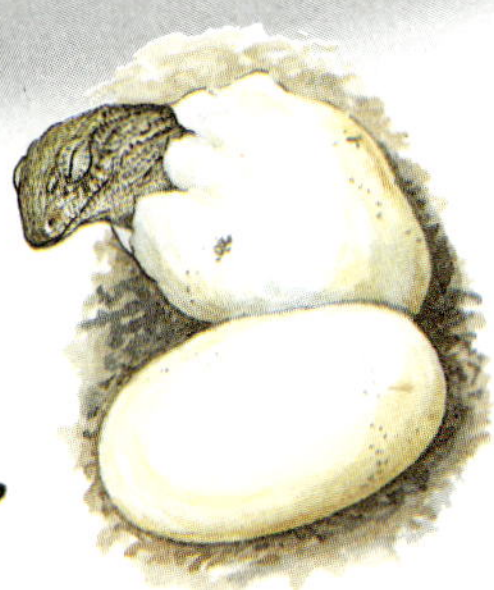

Weiches Ei
Manche Echsen bringen lebende Junge zur Welt. Die meisten aber legen Eier. Diese haben keine harte Schale wie Vogeleier. Die "Schale" ist wie Leder und läßt Luft zum Atmen durch.

Chamäleons

Sie haben Füße wie Fausthandschuhe und eine unheimlich lange Zunge. Die Augen können sie einzeln bewegen. Berühmt aber sind die Chamäleons für ihre Fähigkeit, die Farbe zu wechseln.

Schwarz ärgern
Wenn man ein Chamäleon ärgert, wird es ganz dunkel.

Ostafrikanisches Dreihornchamäleon

Stierhörner
Dreihornchamäleons werden lebend geboren. Die nur etwa 5 cm großen jungen Männchen haben schon drei kleine Höcker am Kopf, junge Weibchen besitzen nur ein Horn.

Schöne Schaukel
Das Chamäleon benutzt seinen langen Schwanz zum Balancieren und zum Klettern. Es kann daran sogar wie ein Affe an einem Ast schaukeln.

Inselriese
Es gibt etwa 85 Chamäleonarten. Das größte ist das Riesenchamäleon. Es lebt auf der Insel Madagaskar.

Wie eine Greifzange umfassen die Füße den Ast.

Ach, wie ist mir grün!
Chamäleons wechseln ihre Farbe nicht nur, damit Feinde oder Beutetiere sie nicht sehen können. Sie zeigen damit auch anderen Chamäleons, in welcher Laune sie sind. Tiere, die einen Kampf verloren haben, lassen den Kopf hängen und werden dunkelgrün.

Lassozunge
Die Zunge des Chamäleons ist im Maul aufgerollt. Doch sobald das Tier Beute entdeckt, schnellt es die Zunge blitzschnell vor. Das Insekt bleibt an der klebrigen Zungenspitze hängen und wird mit der Zunge eingeholt.

Auge um Auge
Die Augen des Chamäleons können einzeln in verschiedene Richtungen blicken. Zum Zielen aber werden beide auf die Beute gerichtet.

Blaue Zungen

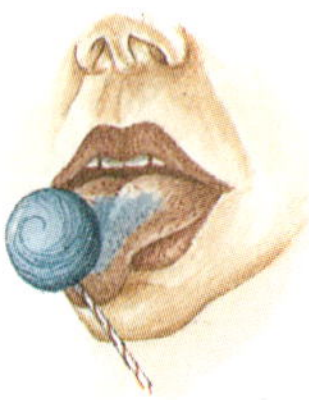

Viele Eidechsen schrecken mit leuchtenden Farben Feinde ab. Die australischen Blauzungen sind unauffällig grau. Doch Feinden strecken sie die Zunge heraus: sie ist kobaltblau.

Wegwerfschwanz
Viele Eidechsen können bei Gefahr ihren Schwanz abwerfen. Der abgeworfene Schwanz zappelt im Gras und zieht die Aufmerksamkeit der Feinde auf sich. Die Eidechse kann fliehen.

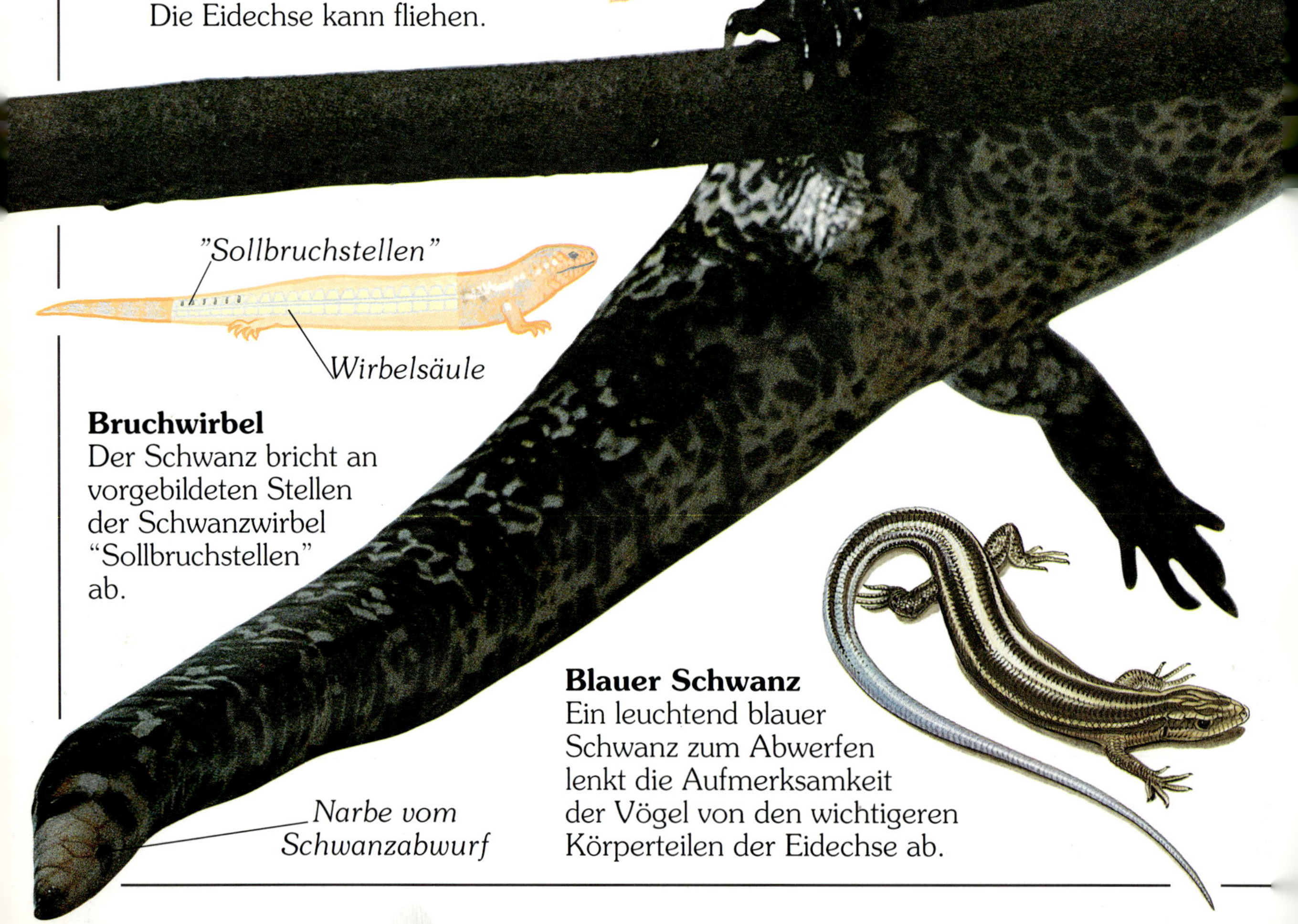

Bruchwirbel
Der Schwanz bricht an vorgebildeten Stellen der Schwanzwirbel "Sollbruchstellen" ab.

Blauer Schwanz
Ein leuchtend blauer Schwanz zum Abwerfen lenkt die Aufmerksamkeit der Vögel von den wichtigeren Körperteilen der Eidechse ab.

Sonderling
Eine der zehn Blauzungenarten straft ihren Namen Lügen: sie hat eine rosa Zunge!

Bäh!
Blauzungen drohen Feinden, indem sie den rosaroten Rachen fauchend aufsperren und die kobaltblaue Zunge schwenken.

Züngeln
Wie Schlangen züngeln auch viele Eidechsen. Sie "lecken" mit der Zunge Duftstoffe aus der Luft. Diese "untersuchen" sie dann

Sandfisch
Nah verwandt mit den Blauzungen sind die Sandskinke. Sie haben nur noch ganz kurze Beinchen. Im Wüstensand scheinen sie zu schwimmen.

Gehirnnahrung
In Sri Lanka glaubte man früher, die Weisheit einer Eidechse stecke in ihrer Zunge. Daher gab man Kindern mit Eidechsenzungen belegte Bananen zu essen, damit sie klug würden.

Panthergeckos

Geckos können hervorragend klettern. Im Gegensatz zu anderen Eidechsen sind Geckos auch stimmbegabt. Sie bellen, quaken oder zirpen. Panthergeckos aber geben keinen Ton von sich.

Weltreisende
Einige Geckoarten sind gar nicht scheu. Sie kriechen überall hin und wurden so auf Schiffen über die ganze Erde verbreitet.

Scheibenwischer
Mit ihrer langen Zunge reinigen Geckos ihre Augen. Die durchsichtigen Lider sind zu einer Art Brillenglas verwachsen.

Gabelschwanz
Wenn eine Eidechse den Schwanz abwirft, wächst ihr ein neuer, doch der wird selten so lang wie der alte. Manchmal passieren auch Fehler wie so ein dreifacher Schwanz.

Neues Kleid
Echsen häuten sich regelmäßig. Die alte Haut löst sich in Fetzen ab. Darunter ist eine schöne neue Haut.

Alles Gute!
In Asien gilt es als gutes Zeichen, wenn ein Gecko bei der Geburt eines Kindes bellt. Man glaubt, daß das Glück im Haus wohnt, solange ein Gecko darin ruft.

Tokee

Krachmacher
Der bekannteste Gecko ist der Tokee. Er bellt ganz laut "to-keh" oder "geck-ooh". Das gab ihm und seiner Familie den Namen.

Fransen schützen vor Sand.

Viele Echsen haben spitze Krallen zum Festhalten.

Böse?
In Indien glaubte man, der Panthergecko sei giftig. Doch das stimmt nicht. Er ist nicht gefährlich - nur für Käfer und Fliegen.

Doppelkopf

Was hat zwei Köpfe, frißt Schnecken und sieht aus wie ein Tannenzapfen? Es ist eine Tannenzapfenechse. Sie hat natürlich nicht wirklich zwei Köpfe. Doch der dicke Schwanz lenkt als "falscher Kopf" Angreifer vom richtigen ab.

Vorrat für magere Zeiten
Wenn sie in der Wüste nichts zu fressen findet, verbraucht die Tannenzapfenechse das Fett in ihrem Schwanz.

Allesfresser
Tannenzapfenechsen leben in den Wüstengebieten Australiens. Sie fressen, was sie kriegen können: Schnecken, Ameisen, Früchte und Blumen.

Sonnenschirm?
Man weiß nicht genau, warum die Tannenzapfenechse so große Schuppen hat. Vielleicht schützen sie die Echse vor Überhitzung.

Giftspeiender Drachen
In den Wüsten Nordamerikas lebt die Gila-Krustenechse,eine von nur zwei giftigen Echsenarten. Sie jagt und verteidigt sich mit Gift, das sie in ihr Opfer "kaut".

Riesenbabys
Tannenzapfenechsen legen keine Eier. Sie bekommen lebende Junge - meist Zwillinge. Neugeborene Tannenzapfenechsen sind Riesenbabys - sie sind halb so groß wie die Mutter.

Tannenzapfenechsen können tannengrün sein, aber auch braun. Manche sind gefleckt.

Dornschwanz

Fettschwanzgecko

Dornig, dick oder platt
Manche Geckos speichern Fett im Schwanz. Anderen dient er als Waffe oder zur Tarnung am Baum.

Plattschwanzgecko

Viele Namen
Die Tannenzapfenechse wird auch Stutzechse oder Doppelkopfechse genannt. Die Australier nennen sie "Bobtail".

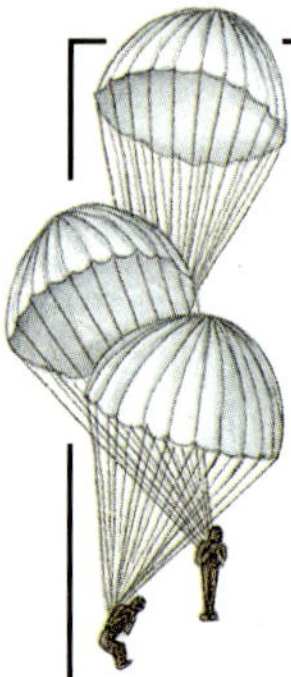

Flugechsen

Breite Hautfalten dienen dem Faltengecko als Fallschirm, wenn er von Baum zu Baum gleitet. Flugdrachen haben sogar richtige Tragflächen: die Haut wird von Knochen gestützt.

Die Muster erinnern an Flechten auf einem Baumstamm.

Flugdrachen
Die Flugdrachen leben in Asien. Knochenstreben stützen Hautfalten an den Seiten. Mit diesen "Flügeln" kann die Echse zwar nicht schlagen, aber weit gleiten.

Märchenfigur
In Sagen und Legenden hört man oft von fliegenden Drachen. Sie speien Feuer und rauben junge Mädchen. Helden wie St. Georg müssen dann den Drachen töten und das Mädchen retten.

Zum Wände-Hochgehen
Auf den Zehen eines Geckos sitzen unzählige winzig kleine Häkchen. Sie haken sich in die kleinsten Unebenheiten einer Mauer oder eines Baumstamms ein.

Suchbild
Wenn der Gecko sich flach gegen einen Stamm drückt, hält ein vorbeifliegender Vogel ihn für ein Stück Baumrinde.

Flughäute
Dieser Gecko sitzt an einer Glasscheibe. Bei ihm kann man die Hautsäume erkennen, mit denen er gleitet.

Nachtaugen
Durch das Schwarze im Auge, die Pupille, fällt Licht. Beim Gecko sind die Pupillen nachts weit offen, damit er auch im Dunkeln Insekten findet. Bei Tag sind die Pupillen kleine Punkte.

Baumbewohner
Faltengeckos leben hoch oben in den Bäumen der Urwälder Asiens.

Kleiner König

Basilisken leben an Flüssen und Bächen und Seen in den Regenwäldern Mittelamerikas. Dort nennt man sie "Jesus-Christus-Echsen", denn sie können übers Wasser laufen.

Vorderbeine: viel schwächer als die Hinterbeine (zum Rennen nicht geeignet)

Zu Fuß übers Wasser
Bei Gefahr flüchtet der Basilisk aufgerichtet auf den Hinterbeinen. So kann er sehr schnell rennen - auch übers Wasser. Die großen Füße und seine Schnelligkeit verhindern, daß er untergeht.

Schnell untertauchen
Basilisken können nicht nur *über* das Wasser flüchten. Sie können auch schwimmen und über eine halbe Stunde *unter* Wasser bleiben.

Stirnlappenbasilisk
Beim Stirnlappenbasilisken laufen Hautsäume über Kopf, Rumpf und Schwanz. Bei den Männchen sind die Lappen besonders groß. Sie richten sie auf, wenn sie wütend sind oder einem Weibchen gefallen wollen.

Der Basilisk benutzt den Schwanz als drittes Bein, wenn er sich aufrichtet.

Die tanzende Echse
In der Wüste Namib kann man auf dem heißen Sand oft nicht mehr stehen. Diese Eidechse balanciert dann immer abwechselnd nur auf zwei Beinen. Wird es ganz unerträglich, legt sie sich flach auf den Bauch.

Böser Blick
Das Wort Basilisk ist griechisch und bedeutet "kleiner König". Bei den Griechen war der Basilisk ein gefährlicher Drache. Ein Blick aus seinen Augen konnte einen Menschen töten.

Renneidechse
Die schnellsten Eidechsen sind die Sechsstreifen-Renneidechsen. Sie können mit 29 km/h durch die Wüste rennen, wenn sie verfolgt werden.

Hörner und Stacheln

Er erinnert an eine Kröte. Deshalb nennt man diesen Leguan Krötenechse oder Hornkröte. Sein Körper ist über und über mit Stacheln bedeckt - abschreckend für jeden möglichen Feind.

Dornteufel
In den Wüsten Australiens lebt eine Echse, die der Krötenechse recht ähnlich ist. Sie heißt Moloch oder Dornteufel und frißt Ameisen zu Tausenden.

Prickelnder Genuß
Die Krötenechse lauert oft mit aufgerissenem Maul an Ameisennestern. Wenn die Ameisen aus dem Nest kommen, schluckt sie sie hinunter.

Heißes Leben
Die Texas-Krötenechse ist ein Wüstenbewohner. Sie lebt in Mexiko und Texas. Oft fällt dort, wo sie wohnt, monatelang kein Regen.

Echse ohne Schatten

Die Krötenechse ist durch ihre gesprenkelte Haut in Sand und Geröll kaum zu entdecken. Sie drückt sich ganz fest an den Boden. So wirft sie keinen Schatten, der sie verrät.

Abends verändert sich die Hautfarbe der Krötenechse. Sie wird dunkler und kann so mehr Sonnenlicht auftanken.

Spitzer Kragen

Schlangen oder Vögel hätten große Schwierigkeiten, wenn sie eine Krötenechse fressen wollten. Sie ist über und über mit Stacheln besetzt. Besonders spitz und kräftig ist der "Kragen".

Bluttränen

Bei Gefahr spritzt die Krötenechse Blut aus ihren Augen. Vielleicht brennt das Blut Angreifern in den Augen, oder sie erschrecken einfach und laufen davon.

Morgentrunk

Jeden Morgen macht sich die Krötenechse auf die Suche nach Tau, den sie mit ihrer langen Zunge aufleckt.

Leguane

Die größten und häufigsten Echsen in Süd- und Mittelamerika sind die Leguane. Man findet sie überall, in Regenwäldern, in Wüsten und sogar auf kleinen Inseln.

Peitsche
Dieser Leguan aus Mexiko schlägt mit seinem langen Schwanz nach Feinden.

Algentaucher
Die Meerechse lebt auf den Galapagos-Inseln. Sie ist das einzige Meerestier unter den Echsen. Sie taucht nach Algen, die sie von Felsen im Meer abweidet. Nach dem Essen sonnt sie sich auf den Felsen.

Frisch geschlüpft
Leguanmütter legen ihre Eier unter einem Baumstamm oder in einer Bodenmulde ab. Wenn die Jungen schlüpfen, müssen sie gleich für sich selbst sorgen.

Gaumen wie Stahl
Auf den Galapagos-Inseln lebt auch der Drusenkopf, ein großer Landleguan. Er frißt fast nur stachelige Kakteen.

Mit Brot oder Pommes?
Mittelamerikanische Indios essen gerne Leguanfleisch. In Panama kann man an Pommesbuden sogar "Leguanburger" kaufen.

Horn auf der Nase
Die riesigen Nashornleguane haben auf der Stirn kleine Hörner. Sie sind aber trotz ihres gefährlichen Aussehens harmlose Pflanzenfresser.

Hochzeitsanzug
Leguanmännchen sind bunter als die Weibchen. Mit ihrem feinen Anzug wollen sie den Weibchen gefallen und andere Männchen einschüchtern.

Diese Hautlappen am Hals nennt man Kehlsack.

Baumdrachen

Der Nackenstachler ist eine Echse aus der Familie der Agamen. Mit langem Schwanz und kräftigen Beinen springt er geschickt durch die Baumwipfel der Wälder Chinas und Hinterindiens.

Keine Eidechse!
Die Brückenechse oder Tuatara sieht aus wie eine Eidechse, doch sie ist keine. Sie ist ein lebendes Fossil: der einzige lebende Vertreter einer Kriechtiergruppe, die zur Zeit der Dinosaurier viele Arten umfaßte. Die Tuatara lebt heute nur noch auf ein paar Inseln vor Neuseeland.

Ätsch, ich kann das auch!
Der Nackenstachler kann wie ein Chamäleon seine Farbe dem Untergrund anpassen.

Langer Schwanz als "Balancierstange"

Ausgefranst
Wie andere Echsen, die in Bäumen leben, haben auch Nackenstachler lange Zehen mit spitzen Krallen. Fransensäume aus stacheligen Schuppen sorgen zusätzlich für festen Halt.

Schnarchechsen
Eidechsen dösen oft und gern. So sparen sie Energie.

Teufelsechse
Wenn der Bärtige Krötenkopf mit weit aufgerissenem Rachen droht, wirkt er furchterregend. Deshalb diente er Malern in Mittelasien wohl auch als Modell für den Teufel.

Chinesendrachen
In China gilt der Drachen als weises Tier, das in Wolken und Flüssen lebt. Drachen waren das Symbol der Kaiser. Tote Kaiser, so glaubte man, ritten auf dem Rücken eines Drachens in den Himmel.

Kopfschmuck

Hörner, Stacheln, Kämme, Halskrausen - bei den Echsen findet man die ungewöhnlichsten Verwendungen für die harten Schuppen - zum Anlocken eines Partners, zum Vertreiben von Nebenbuhlern oder als Schutz vor Feinden.

Drache mit Bart
Die harte Schuppenhaut schützt eine Eidechse wie ein Panzer. Die langen, spitzen Schuppen dieser Bartagame hängen wie ein Bart herab.

Halskrause
Die Kragenechse trägt ihren Kragen in der Regel wie ein Cape über der Schulter. Doch bei Gefahr stellt sie den Kragen auf und faucht ganz schrecklich.

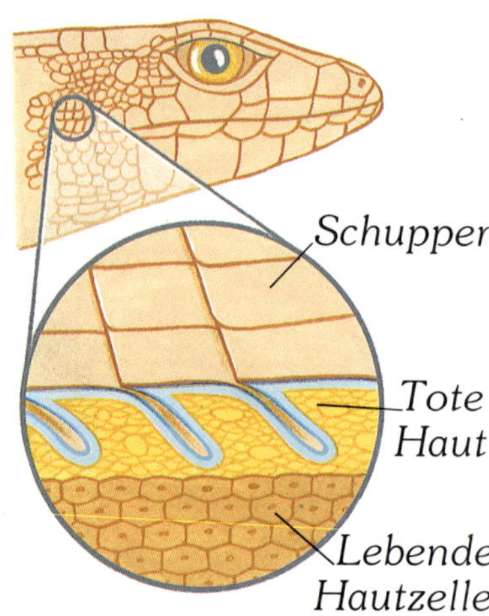

Echsenhaut
Die Schuppen der Echsen sind aus Horn wie deine Haare oder Fingernägel. Sie werden von Hautzellen gebildet.

Leuchtreklame
Manche Leguanmännchen haben leuchtend bunte Kehlsäcke. Wenn der Leguan den Kehlsack aufbläht, blinkt er blau oder orange. So vertreibt er Nebenbuhler und beeindruckt Weibchen.

Ich bin groß!
Bei Gefahr bläht die Bartagame ihren Bart auf und faucht. So erscheint sie gefährlich.

Normalerweise hängt der "Bart" schlaff herab.

Boyds Winkelkopfagame

Leierkopfagame

Hörner und Helme

Viele Echsenmännchen haben beeindruckende Hörner und Kämme, die den Weibchen fehlen. Solcher Schmuck dient zum Angeben. Die Echsen drohen damit anderen Männchen oder betören ihre Geliebte.

Helmleguan

Bergchamäleon

Register